DELIUS KLASING

Peter Kurze

Trabant

Fahren • Tanken • Fahren

Delius Klasing Verlag

Peter Kurze, geboren 1955 in Bremen, studierte Maschinenbau und Betriebswirtschaft. Als Autor und Verleger veröffentlichte er bereits zahlreiche Werke zu Themen der deutschen Industriegeschichte. Sein umfangreiches Fotoarchiv umfasst vor allem Material zu den Fahrzeugen der Nachkriegsjahrzehnte, denn diesen »bewegten Zeiten« gilt sein besonderes Interesse.

Bibliografische Information Der Deutschen Bibliothek
Die Deutsche Bibliothek verzeichnet diese Publikation in der Deutschen Nationalbibliografie; detaillierte bibliografische Daten sind im Internet über »http://dnb.ddb.de« abrufbar.

1. Auflage
ISBN 3-7688-1476-9

Einbandgestaltung und Layout: Gabriele Engel
Druck: Kunst- und Werbedruck, Bad Oeynhausen
Printed in Germany 2003

Delius Klasing Verlag, Siekerwall 21, D - 33602 Bielefeld
Tel.: 0521/559-0, Fax: 0521/559-115
e-mail: info@delius-klasing.de
www.delius-klasing.de

Vorwort

Kennzeichnend für 40 Jahre DDR war auch eine Unterversorgung der Bevölkerung mit Personenwagen. Das ist im Rückblick erst einmal erstaunlich, weil ein großer Teil der gesamtdeutschen Automobilindustrie zum Kriegsende im Gebiet der sowjetisch besetzten Zone (ab 1949 DDR) lag.
Einerseits gab es die Auto-Union – ein Zusammenschluss der Firmen DKW (Werke im Erzgebirge und in Berlin-Spandau), AUDI (Zwickau), Horch (Zwickau) und Wanderer (Siegmar) –, andererseits das BMW-Werk in Eisenach, die Vomag in Plauen (LKW und Busse), Phänomen in Zittau (Kleinlastwagen) und das Opel-Zweigwerk Brandenburg (LKW).
Doch die Demontage der Werke durch die Besatzungsarmee, die katastrophale Versorgungslage und die Abwanderung der Fachleute insbesondere vor 1950 verhinderten einen kraftvollen Start der traditionsreichen Autohersteller. Und erst unter dem Druck der auswanderungswilligen Bevölkerung begann die Parteiführung ihre dem Individualverkehr eher abgeneigte Einstellung zu überdenken. Man konzipierte schließlich Mitte der 50er-Jahre einen Kleinwagen für den DDR-Bürger, der sich einfach herstellen ließ und der das Volk mobil machen sollte.
Der »Trabant« genannte Wagen war das richtige Auto zur richtigen Zeit. Nur gelang es nie, den Inlandsbedarf zu decken. Lange Lieferzeiten, hohe Preise für Gebrauchtwagen und die mangelhafte Weiterentwicklung des Fahrzeuges waren die Folgen.
Andererseits hatte die lange Produktionszeit das Modell ausreifen lassen. Der liebevoll als »Trabi« bezeichnete Wagen galt als robust, wartungsfreundlich und zuverlässig. Außerdem machten die 3 Millionen Trabanten das Volk mobiler und erfüllten neben vielen Transportaufgaben auch manchen Reisewunsch, weshalb sich der Trabant heute großer Beliebtheit in der gesamtdeutschen Oldtimer-Szene erfreut.

Der Weg zum Volkswagen der DDR

Mit dem Aufkommen der in großen Serien produzierten Kleinwagen (wie zum Beispiel dem Lloyd LP 400) in den frühen 1950er-Jahren, der Verbesserung der wirtschaftlichen Verhältnisse (Wirtschaftswunderzeit), der Einräumung von Krediten und günstigen Ratenzahlungssystemen begann die Volksmotorisierung in Westdeutschland.

Zu dieser Zeit war der private PKW in der DDR ideologisch umstritten. Einerseits stand der Bau von Lastkraftwagen und Traktoren im Vordergrund, andererseits musste man den fluchtwilligen DDR-Bürgern die Aussicht auf einen höheren Lebensstandard und somit auch auf einen privaten PKW ermöglichen. Das damalige PKW-Produktionsprogramm der

So sieht er aus: Der PKW Typ 50

Ein offensichtlich glücklicher Zufall fügte es, daß wir vor einigen Wochen in Berlin ein uns noch unbekanntes Auto mit einem DDR-Kennzeichen fotografieren konnten. Irgendwie erinnerte uns dieser Wagen an einen kleineren, eleganteren P 70. Bei näherem Hinsehen entdeckten wir auch das Firmenzeichen AWZ. Die Kunststoffkarosserie, durch Beklopfen festgestellt, ließ die letzten Zweifel schwinden. Dieser Wagen ist natürlich eines der ersten Baumuster des langerwarteten PKW vom Typ 50. Obwohl die Bezeichnung „Typ 50" nirgendwo an dem Wagen zu sehen war, ließ der etwas heulende Ton des Motors auf einen Zweitakter mit Luftkühlung schließen. Damit waren für uns die letzten Zweifel zerstreut. So also wird wahrscheinlich der DDR-Kleinwagen Typ 50 aussehen. Wir glauben, mit Sicherheit sagen zu können, daß unsere Vermutungen stimmen.

Nicht stimmen können aber Vermutungen, wie sie von verschiedenen Tageszeitungen anläßlich der Herbstmesse ausgesprochen wurden. Wir halten es einfach für unmöglich, daß in diesem Jahr noch 1000 Kleinwagen vom Typ 50 ausgeliefert werden sollen. Wenn Heinrich Rau anläßlich einer Pressekonferenz davon sprach, daß im Jahre 1958 3000 Wagen vom Typ 50 das Werk verlassen, so dürfte die Zahl 1000 für dieses Jahr doch der Phantasie eines Berichterstatters entspringen. Wir wissen nur, daß noch in diesem Jahr, gegen Ende Dezember, mit der Auslieferung einer kleinen Nullserie zur Breitenerprobung begonnen werden soll. Nicht stimmen dürften auch alle bisher ausgesprochenen Vermutungen hinsichtlich des zu erwartenden Preises dieses Wagens. Auch wir haben hier noch absolut keine genauen Vorstellungen.

In einem aber stimmen wir einer Tageszeitung zu, die schrieb: „Der P 50 noch nicht ausgestellt — aber schon in Sicht".

Ob man es wohl bei diesem Kleinen fertigbringt, ihm einen ansprechenden Namen zu geben?

305

Erste Fotos zeigen 1957 den zukünftigen »Volkswagen« der DDR.

Erster Trabant-Prospekt (1958).

Anzeigenmotiv 1958.

DDR-Autoindustrie (SAG Awtowelo BMW-Werk Eisenach, VEB IFA-Kraftfahrzeugwerk Horch, VEB IFA-Kraftfahrzeugwerk AUDI) eignete sich nicht, da es aus nur wenig weiterentwickelten Vorkriegstypen bestand, deren Herstellung materialaufwändig und arbeitsintensiv war. Der Lieferstopp der westdeutschen Industrie bezog sich auch auf Tiefziehbleche für den Karosseriebau. Die wenigen vorhandenen Tiefziehbleche verwendete man im Nutzfahrzeugbau und im BMW/EMW-Werk Eisenach für die Herstellung der Personenwagen EMW 340 und IFA F9. Eine Neukonstruktion musste diesen Mangel berücksichtigen.

Ab 1954 entwickelten die Zwickauer Konstrukteure einen PKW (P 50) mit Duroplast-Karosserie, der den veralteten DKW/IFA F8 1956 ablösen sollte. Doch bis zu diesem Zeitpunkt musste der aufwändige F8 weiter produziert werden. Die Lösung schien ein Zwischentyp zu sein, der Chassis, Holzskelett und Motor vom F8 verwendete, aber die Plaste-Karosserie vom geplanten P 50 bekommen sollte. Das P 70 genannte Fahrzeug sorgte

»Der Deutsche Straßenverkehr« Ausgabe August 1958.

bei seiner Vorstellung auf der Leipziger Frühjahrsmesse 1955 für einiges Aufsehen, weil es der erste Serienwagen mit Kunststoff-Karosserie war. Die Entwicklungsarbeiten am P 50 gingen weiter voran.

Doch Probleme verzögerten den Serienanlauf erheblich. 1956 erschien das erste Foto des neuen Wagens in der Zeitschrift »Der Deutsche Straßenverkehr«. Ein Fahrzeug, das trotz geringer Außenmaße vier Erwachsenen Platz bot. Der luftgekühlte 2-Zylinder-Zweitakt-Motor mit Drehschieber-Einlass-Steuerung leistete 17 PS (13 kW) bei 3750 Umdrehungen pro Minute und beschleunigte den P 50 auf 92 km/h. Der neue Typ hatte ein mittragendes Stahlblech-Gerippe, welches mit den Duroplast-Karosserieteilen beplankt wurde.

Ende 1957 konnte endlich eine Nullreihe von 50 Fahrzeugen produziert werden. Die Serienfertigung des P 50 »Trabant« begann im Juli 1958. Um

»Kraftfahrzeugtechnik«, Heft September 1958.

Trabant mit AWZ-Zeichen an der Motorhaube.

Titelbild einer Beilage der Berliner Zeitung vom 17. August 1958.

die Massenfabrikation zu ermöglichen, fusionierten die Zwickauer-Werke Horch und Audi zum »Volkseigenen Betrieb Sachsenring, Automobilwerke Zwickau«. Die Herstellung des P 70 und des Oberklassewagens P 240 lief aus, und die LKW-Fertigung verlagerte man zum VEB »Ernst Grube« in Werdau. Die Trabant-Motoren steuerte der VEB Barkas-Werke Karl-Marx-Stadt (Chemnitz) bei.

Ab 1959 lieferte man den Trabi mit einem verbesserten Motor aus (P 50/1). Die Leistung war um 3 PS auf 20 PS (15 kW) gesteigert worden. Das Mischungsverhältnis Öl/Kraftstoff betrug nun 1:33 statt 1:25. Seit 1960 lieferte der VEB Sachsenring auch einen Kombiwagen.

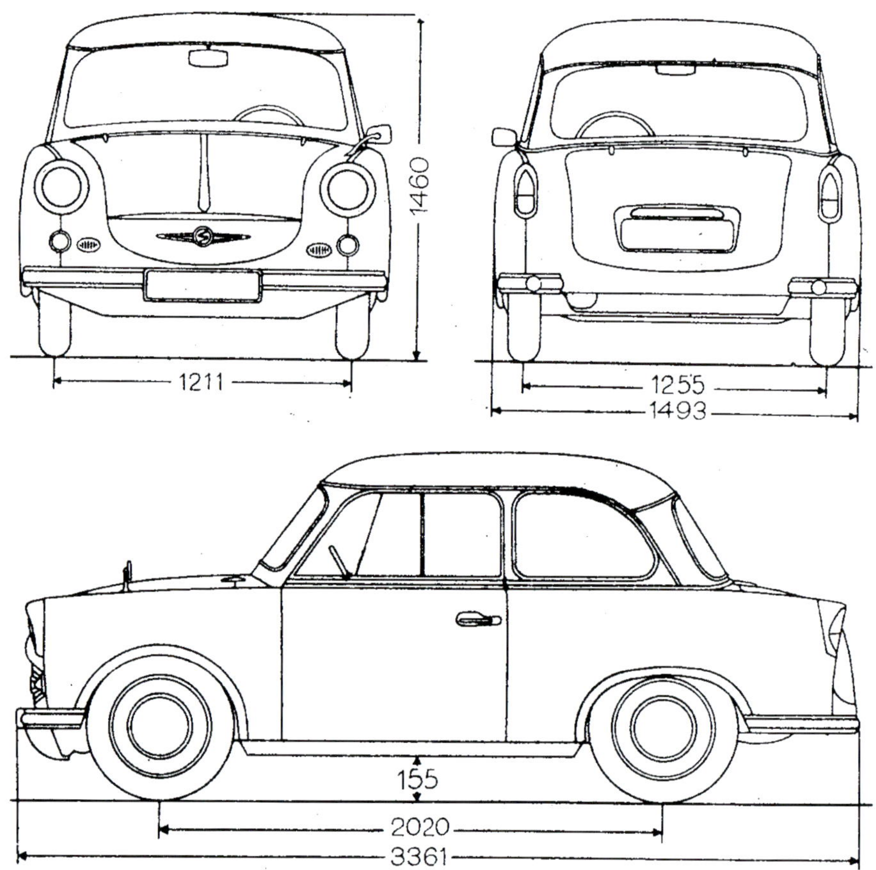

Außenmaße des Trabant P 50.

Pleuellagerschäden am P 50/1 Motor bereiteten den Wagenbesitzern und dem Werk erhebliche Probleme. Ab März 1962 gab es dann den mit verbesserten Pleueln versehenen, sehr zuverlässigen 500 cm^3-Motor (P 50/2), der im Oktober 1962 vom 600 cm^3-Aggregat abgelöst wurde. Das Fahrzeug hieß nun P 60 und unterschied sich durch den Schriftzug »600« am Heck vom bisherigen P 50. Der Motor gab nun 23 PS (17 kW) ab. Das reichte für eine Höchstgeschwindigkeit von etwas über 100 km/h.

In den ersten Produktionsjahren war der Trabant ein Fahrzeug, das sich auf dem Niveau westlicher Kleinwagen (BMW 700, Citroen 2 CV, Fiat 600,

Der drehschiebergesteuerte Trabant-Motor.

Das spartanisch ausgestattete Armaturenbrett.

Lloyd Alexander, NSU Prinz) befand. Seine Vorteile (Frontantrieb, gute Straßenlage, hohe Nutzlast) machten ihn konkurrenzfähig, und er hätte sich auf westeuropäischen Märkten durchsetzen können. Doch die anfänglich produzierten Stückzahlen waren zu gering:

1959	20.050	Einheiten
1960	35.270	Einheiten
1961	39.335	Einheiten

Man verzichtete daher auf den groß angelegten Export und versuchte die Befriedigung des Inlandsbedarfs zu erreichen. Bis zum Mauerbau 1961 betrug die Lieferzeit für einen Trabant maximal 1 ½ Jahre.

Durchsichtzeichnung des Trabis. Der vor der Vorderachse liegende Motor wird mit Fallbenzin versorgt.

MOKKA · MILCH · UND · EIS · BAR
IN 05-74

LJ 72-98

Das Wochenende nutzte man zur Pflege seines fahrbaren Untersatzes, egal ob es sich um ein Fahrrad oder einen Trabi handelte.

LF 35-61

Kraftfahrzeug-Instandsetzung und -Überprüfung am Fließband.

Wackelt da etwas? Nein! Schnell noch die Leuchtweite der Scheinwerfer einstellen und nun kann es losgehen …

D
LF 35-61

Fix nach Haus gefahren, Gepäck und Familie eingeladen und ab in den Urlaub.

STOP

KA 94-50

LJ 04-63

Trabant *contra* Trabant?

Daneben geraten! Nur ein einfacher Überholungsvorgang, der nichts mit Rivalität auf einer Rennpiste zu tun hat.

Der eine fährt als beschaulicher „Autowanderer".
Die vierköpfige Familie ist im gut ausgenützten Innenraum bequem und geschützt untergebracht und genießt in vollen Zügen „ihren TRABANT"...
Der andere hat es heute etwas eiliger.
Vor ihm liegt noch eine lange Wegstrecke.
Er nützt deshalb alle guten Fahreigenschaften seines TRABANT aus:
das gute Anzugsvermögen, die Luftkühlung der 500-ccm-Maschine, die einen hohen Reisedurchschnitt erzielen läßt,
ohne den Motor zu strapazieren,
die gute Federung,
die auch eine schlechtere Wegstrecke mühelos „schluckt".
So kommt jeder auf seine Art ans Ziel mit

Trabant

DÖHNEL

Die Laternengarage stellte auch im Winter kein Problem für den Trabi dar. Zwar war die Heizung gerade in den Anfangsjahren miserabel, dafür sprang der drehschiebergesteuerte 2-Takt-Motor immer zuverlässig an.

»Kraftfahrzeugtechnik«, Heft 1/1959.

Ab Mai 1959 gab es seitliche Zierleisten, die mit kühnem Schwung die Zweifarblackierung akzentuierten. Der Griff an der Motorhaube fiel weg.

D
DP 48-46

Der Sinn von Trabant-Prospekten für die DDR ist bis heute unklar, da eine Verkaufsförderung nicht notwendig war. Für den Eigenbedarf wurde immer zu wenig produziert, sodass die Trabis schon mangels Alternativen reißenden Absatz fanden.

Der P 50 Kombi erweiterte ab 1960 die Fahrzeugpalette der Zwickauer. Die Rücksitze konnten zusammengeklappt werden, sodass sich ein Laderaum von 1200 mm Länge, 1180 mm Breite und 890 mm Höhe ergab (1260 Liter Ladevolumen). Der gegenüber der Limousine 40 kg schwerere Kombi (660 kg) konnte eine Nutzmasse von 340 kg transportieren. Werkzeug, Reserverad und Zubehör waren im hinteren Teil des Laderaums unter einem Zwischenboden verborgen.

Ab 1961 gab es auch eine Camping-Variante, bei der die umgelegten Sitze (vordere Sitze mussten zuvor umgedreht werden) eine Liegestatt für zwei Personen boten. Zusätzlich hatte der Kombi »Camping« eine 690 mm x 525 mm große Dachöffnung, die mit einem Stoffschiebedach geschlossen werden konnte.

»Kraftfahrzeugtechnik« Heft 3/1960, »Der Deutsche Straßenverkehr« Heft Juli 1960, »Der Deutsche Straßenverkehr« Heft November 1960 (von links nach rechts).

Gerade der Kombi mit seinem Ladevolumen von über 1,25 m³ war das richtige Auto für den Organisator, der Stauraum brauchte.

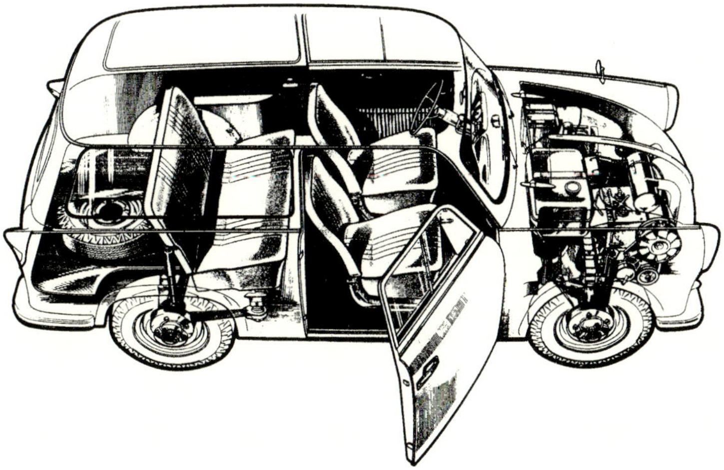

Kombi-Prospekt aus dem Jahre 1960.

Komplettierung der Karosserie.

Die »Hochzeit« (Vereinigung der Karosserie mit dem Chassis) vor dem Endmontageband.

»Der Deutsche Straßenverkehr«: die Hefte 2/1961 (seitliche Zierleiste mit »Schwung«), 4/1961 und 10/1961.

Ab dem Frühjahr 1961 wird bei der Zweifarben-Lackierung eine gerade Zierleiste verwendet (oben und links), (KfT 4/1961).

Der Trabi ist als Kleinwagen auf der Höhe der Zeit, obwohl der Trend in anderen Ländern zum 4-Takt-Motor geht. In Westdeutschland haben 1962 von über 30 produzierten Typen nur noch die DKW-Fahrzeuge und das Goggomobil einen 2-Takt-Motor.

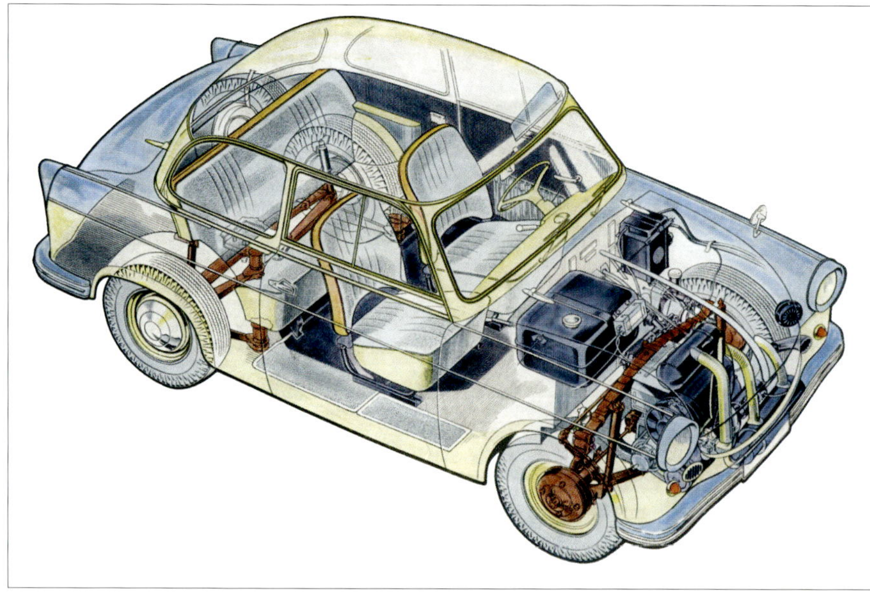

TV6

Thermische Probleme bereiteten anfänglich die aus Grauguss gefertigten Motorzylinder. Mit einer Öl-/Kraftstoffmischung von 1:25 (4 % Ölanteil) bekam man das Problem in den Griff, erkaufte das aber durch die Nachteile der Abgasfahne und der Ölverschwendung. 1960 wurden Aluminium-Zylinder mit Stahllaufbuchsen (Foto Seite 13) »produktionswirksam« und das Spritverhältnis konnte auf 1:33 (3% Ölanteil) verbessert werden.

Trabant
VEB SACHSENRING
AUTOMOBILWERKE ZWICKAU
Pkw und Kombi

LJ 65-87

Wie überall: Wenn es um Reklame geht, ist der Widerspruch zwischen der schönen Werbewelt und der Wirklichkeit immens.

CE 67-17

Durch den Bau der Mauer 1961 waren die Kontakte der DDR-Autobauer zum westdeutschen Automobilmarkt abgeschnitten. Lieferte die BRD bis 1961 die gesamten nahtlosen Präzisionsstahlrohre und etwa $^2/_3$ aller notwendigen Tiefziehbleche, so musste dieser Lieferant schnellstens durch eigene oder zumindest durch RGW-Hersteller ersetzt werden. Die politische Führung bezeichnete diese Aktionen als »Störfreimachung«.

LOTTO

Schwenkvorrichtung für Kleinkraftwagen

– vorwiegend Wartburg, Skoda, Trabant –

Diese Vorrichtung wurde im Bezirk Potsdam in der **Abmessung:** Länge 2,00 m x Breite 2,05 m. ⌀ 2,05 m – (Stahlkonstruktion) und mit einem Gewicht von 470 kg – konstruiert und entwickelt.

Voraussichtlicher Abgabepreis: mit Handbetrieb ca. 1 500.– DM, mit Motorantrieb ca. 2 500.– DM.

Lieferzeit: Voraussichtlich ab III. Quartal 1964, je nach Eingang des Auftrages.

Beschreibung: Diese Schwenkvorrichtung ist dadurch gekennzeichnet, daß sie durch Hand oder mit einem elektrischen Antrieb um 120° nach beiden Seiten geschwenkt werden kann.

Auf eine Auffahrtsrampe wird mit einem Zugmittel – entweder durch Hand oder mit elektrischem Antrieb – ein kompletter Personenkraftwagen in ein röhnradartiges Gestell bis zur Mitte der Vorrichtung mühelos durch eine Person eingebracht.

Vor dem Schwenken wird die Auffahrtsrampe (2 Anlaufschienen) abgenommen, so daß das Fahrzeug nach beiden Seiten mühelos geschwenkt werden kann. Motor, Vorder- und Hinterradachsen lassen sich jetzt leicht und schneller als bisher ausbauen sowie andere Reparaturen übersichtlicher und besser ausführen. Die oft schwierigen mit Unfallgefahren verbundenen Überkopfarbeiten, vorwiegend beim Schweißen, sind nicht mehr vorhanden.

Weiter lassen sich beschädigte Karosserien übersichtlicher reparieren. Der Rahmen z. B. kann wieder in die alte Richtung gezogen sowie Neuaufbauten von Karosserieteilen durch Meßvorrichtungen original und maßgerecht eingesetzt werden.

Nicht nur für Reparaturen, sondern auch für die Wagenpflege und Durchsichten bietet diese Vorrichtung die weitestgehenden Vorteile. Diese Vorrichtung ist nicht platzgebunden, sie kann mittels einer Hochstellvorrichtung, welche 4 Transportrollen trägt, beliebig nach jeder Richtung hin von einer Person transportiert werden.

Für jeden Personen-Kraftwagentyp ist eine Aufnahmevorrichtung vorhanden. Diese Aufnahmevorrichtung wird in der Mitte des Personenkraftwagens angebracht und trägt außerdem 4 Gleitrollen, wel-

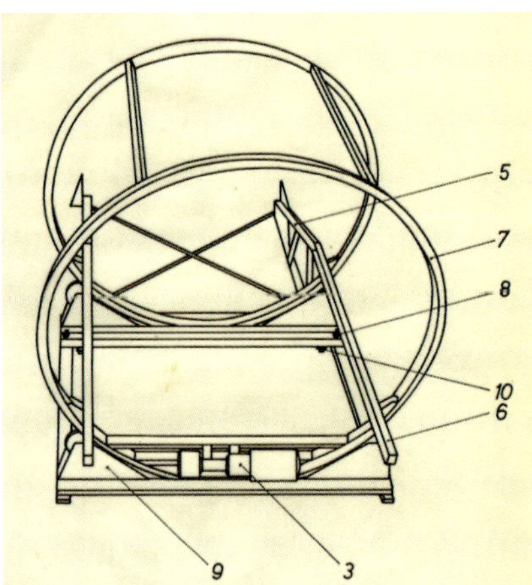

Das war praktisch ...
Der Trabi wird in eine Rhönrad-ähnliche Stahlkonstruktion geschoben und kann dann bis zu 120° nach links oder rechts geschwenkt werden. Entweder per Hand oder komfortabel mit E-Motor. Natürlich sollte man vorher die Tankentlüftung verschließen und die Batterie ausbauen. Reparaturen an Motor, Hinter- oder Vorderachse und Schweißarbeiten am Fahrgestell sind einfacher zu bewerkstelligen als mit einer Hebebühne, wo oft über Kopf gearbeitet werden muss. Nicht so pingelige Gemüter verzichteten auf diese Anlage und legten den Trabi direkt auf die Seite.

ND 04-12

ND 04-12

A. LIEBISCH
EUROPAREISE
im Trabant

VEB VERLAG TECHNIK BERLIN
Kraftfahrzeug-
technik
Trabant
mit
synchron-
getriebe
4/62
12. Jahrgang · April 1962 · Seiten 137–176 · Heftpreis 1,– DM · Postverlagsort für DDR Dresden · für DBR Berlin

DER DEUTSCHE
Straßen
verkehr
FÜR VERKEHR UND WIRTSCHAFT
Wir fuhren: Barkas B 1000
Verpflichtung zur Hilfeleistung
Neues aus der ČSSR
1
TRANSPRESS · VEB VERLAG FÜR VERKEHRSWESEN · BERLIN W 8

AE 40-33

2·7
COMET
MOTOR OIL
HANKI RALLY 1961
TG 44 22

Bei internationalen Rallyes mischte der Trabi erfolgreich mit. Typische Änderungen an den Rallye-Wagen: Drei Zusatzscheinwerfer, davon einer auf dem Dach montiert, hellen die Strecken auf, gut laufender Serienmotor eingebaut, Radkappen demontiert, Startnummern an die Türen geklebt, veränderte Stoßdämpfer.

Trabant

JETZT MIT 600 cm³ MOTOR

Höheres Drehmoment, stärkere Leistung
enormes Beschleunigungsvermögen

DER KLEINWAGEN, DER ALLEN WÜNSCHEN GERECHT WIRD

VEB SACHSENRING AUTOMOBILWERKE ZWICKAU

Aufgrund von Schwierigkeiten bei der Lackiererei reduzierte man beim 600er Modell (ab Oktober 1962) den Anteil der zweiten Farbe auf einen handbreiten seitlichen Streifen.

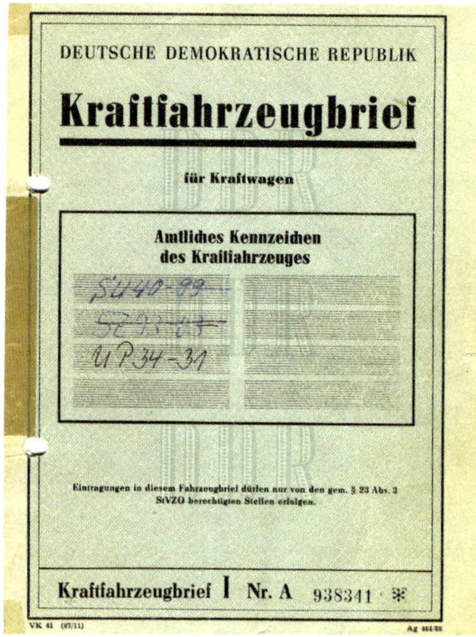
DEUTSCHE DEMOKRATISCHE REPUBLIK

Kraftfahrzeugbrief

für Kraftwagen

Amtliches Kennzeichen des Kraftfahrzeuges

~~SU 40-99~~
~~SE 93-03~~
UP 34-31

Eintragungen in diesem Fahrzeugbrief dürfen nur von den gem. § 23 Abs. 3 StVZO berechtigten Stellen erfolgen.

Kraftfahrzeugbrief I Nr. A 938341 *

VK 41 (87/11) Ag 464/60

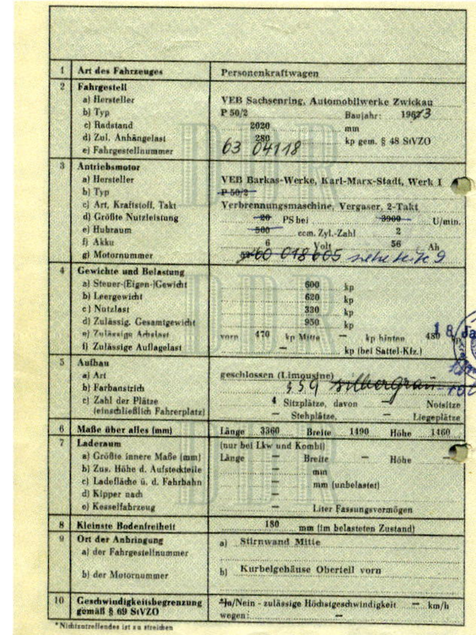

1	Art des Fahrzeuges	Personenkraftwagen
2	Fahrgestell a) Hersteller b) Typ c) Radstand d) Zul. Anhängelast e) Fahrgestellnummer	VEB Sachsenring, Automobilwerke Zwickau P 50/2 Baujahr: 1963 2020 mm 280 kp gem. § 48 StVZO 63 04118
3	Antriebsmotor a) Hersteller b) Typ c) Art, Kraftstoff, Takt d) Größte Nutzleistung e) Hubraum f) Akku g) Motornummer	VEB Barkas-Werke, Karl-Marx-Stadt, Werk I P 50/2 Verbrennungsmaschine, Vergaser, 2-Takt ~~20~~ PS bei ~~3900~~ U/min. ~~500~~ ccm. Zyl.-Zahl 2 6 Volt 56 Ah ~~60 018 605~~ siehe Seite 9
4	Gewichte und Belastung a) Steuer-(Eigen-)Gewicht b) Leergewicht c) Nutzlast d) Zulässig. Gesamtgewicht e) Zulässige Achslast f) Zulässige Auflagelast	 600 kp 620 kp 330 kp 950 kp vorn 470 kp Mitte – kp hinten 480 – kp (bei Sattel-Kfz.)
5	Aufbau a) Art b) Farbanstrich c) Zahl der Plätze (einschließlich Fahrerplatz)	 geschlossen (Limousine) 459 ~~silbergrau~~-rot 4 Sitzplätze, davon – Notsitze – Stehplätze, – Liegeplätze
6	Maße über alles (mm)	Länge 3360 Breite 1490 Höhe 1460
7	Laderaum a) Größte innere Maße (mm) b) Zus. Höhe d. Aufsteckteile c) Ladefläche ü. d. Fahrbahn d) Kipper nach e) Kesselfahrzeug	(nur bei Lkw und Kombi) Länge – Breite – Höhe – – mm – mm (unbelastet) – – Liter Fassungsvermögen
8	Kleinste Bodenfreiheit	180 mm (im belasteten Zustand)
9	Ort der Anbringung a) der Fahrgestellnummer b) der Motornummer	a) Stirnwand Mitte b) Kurbelgehäuse Oberteil vorn
10	Geschwindigkeitsbegrenzung gemäß § 69 StVZO	*Ja/Nein - zulässige Höchstgeschwindigkeit – km/h wegen: –

* Nichtzutreffendes ist zu streichen

Der TRABANT wurde und wird systematisch zur Erprobung und Entwicklung in den schonungslosen Serienwagen-Wettbewerben, den Rallyes, eingesetzt. Dabei hat sich der TRABANT hervorragend bewährt und ausgezeichnete Erfolge erzielt: In Finnland bei der Rallye-der-1000-Seen, der Rallye-Polen, der Wartburg-Rallye, bei der Internationalen-Rallye-Hanseat, bei der Rallye-für-Frieden-und-Freundschaft, wobei in 6 Tagen eine gigantische Strecke von Prag über Budapest, Leipzig, Warschau, Brest nach Moskau geschafft werden mußte, selbstverständlich noch mit den entsprechend eingebauten Geschwindigkeits- und Geschicklichkeitsprüfungen. Die methodische Auswertung dieser erfolgreichen Einsätze liefert die Beweise und bietet die gründliche Gewähr für die Qualitäten des TRABANT im Alltagsbetrieb. Die Rallyebeteiligungen mit dem TRABANT sind aber nur ein Teil der Anstrengungen, die bei uns in Konstruktion und Produktion zur Weiterentwicklung des TRABANT und zur Befriedigung des wachsenden Bedarfes unternommen werden. Nicht nur die Qualität, sondern auch die Produktionsstückzahlen des TRABANT werden laufend gesteigert. Jeder Rallyefahrer, jeder Arbeiter, die Techniker oder die Spezialisten unserer Kundendienstorganisationen – Tausende zielbewußter Menschen – arbeiten kraftvoll an der großen Aufgabe:

noch mehr TRABANT,
noch bessere TRABANT.

VEB SACHSENRING
AUTOMOBILWERKE ZWICKAU

Sachsenring hatte zusammen mit AWE den PKW P 100 entwickelt. Diese nicht in Serie gegangene Entwicklung hatte sehr viel Geld erfordert, das nun bei der Weiterentwicklung des Trabants fehlte. Für Sachsenring war das Erreichen des »Weltniveaus« nicht so bedeutend, war der Trabant doch hauptsächlich für die Bedürfnisse der DDR-Bürger gedacht.

Kft Heft 3/1964.

Vergleich der P 60 und der 601 Karosserie.

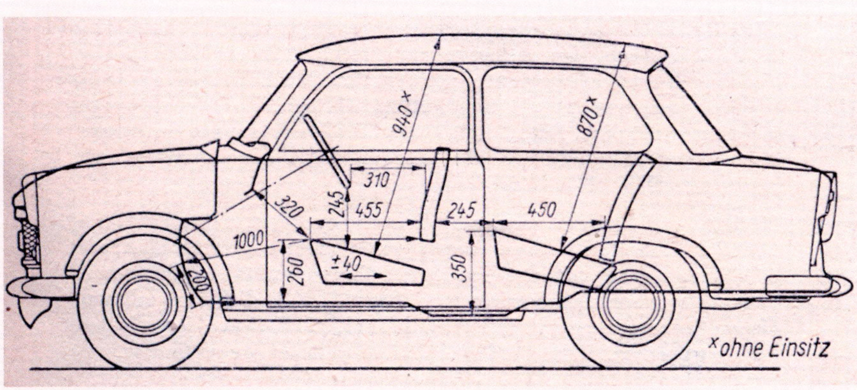

Platzverhältnisse im Innenraum beim 601.

Ab 1964 gab es den Trabant 601, der eine elegantere Karosserie als der P 60 hatte.

Um die alten Fertigungsmaschinen nicht erneuern zu müssen und um das Baukastenprinzip weiterhin anwenden zu können, konnten die Änderungen am Trabant nur geringfügig sein. 1963 entstand die Nullserie des nun P 601 genannten Wagens, der anlässlich des VI. Parteitages der SED der Öffentlichkeit präsentiert wurde. Der 601 lief ab Juni 1964 vom Band. Die Karosserie entsprach dem Zeitgeschmack mit der durch Fiat und Peugeot eingeführten Trapezlinie. Der Wagen war insgesamt um 18 cm länger als sein Vorgänger, und der Kofferraum wurde um 12 % vergrößert. Allerdings reichte die Kofferraumklappe nicht mehr bis zur Stoßstange, was das Beladen erschwerte. Beim Motor und beim Fahrwerk änderte sich nichts.

Der Trabi war ein altes Auto in neuer Verpackung. Den Nachteilen (laut, harte Federung, schlechte Heizung und ein hoher Kraftstoffverbrauch) standen allerdings große Vorteile gegenüber: robust, anspruchslos und mit einigem Geschick selbst zu warten und zu reparieren.

Die angedeuteten Heckflossen entsprachen der Mode der 1960er-Jahre und waren beim Rückwärts-Einparken eine Visierhilfe.

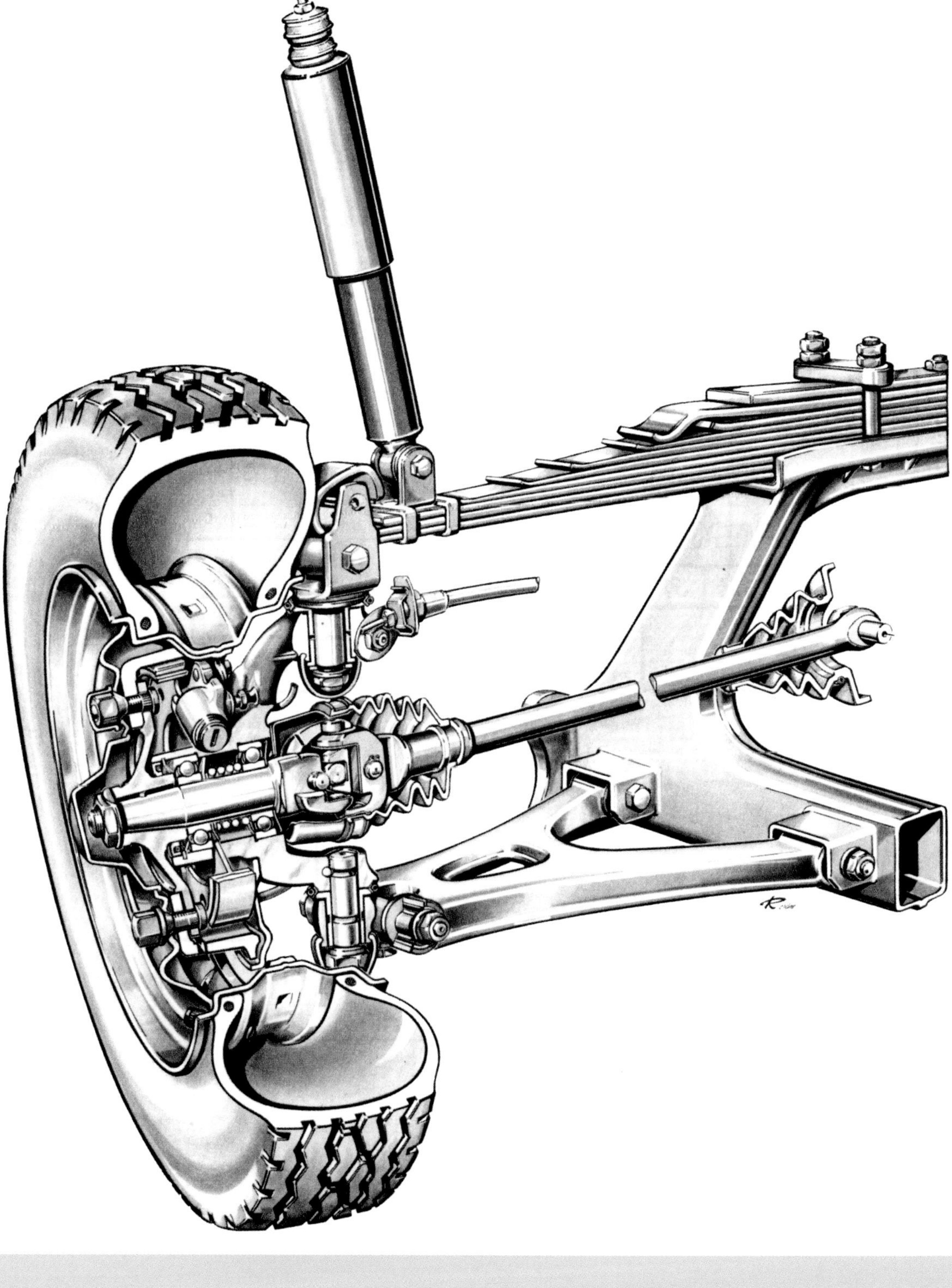

TRABANT

TEMPERAMENTVOLL

RASANT

AUSDAUERND

BEQUEM

ANSPRECHEND

NA, SIE WISSEN SCHON

TRABANT 601

601

GENERALVERTRETER: KARL-HEINZ MELLER
2 HAMBURG, WINTERHUDER WEG 58/62

TRANSPORTMASCHINEN EXPORT-IMPORT

DEUTSCHER INNEN- UND AUSSENHANDEL, 108 BERLIN

NN 16-42
-49

TG 86-42

Für das Modelljahr 1967 fährt der Trabant in verschiedenen Versionen vom Band. Es gibt zwei Grundtypen: die Limousine und den Kombi, jetzt als »Universal« bezeichnet. Beide Grundtypen gibt es in der Standardausführung, als 601 S (Sonderwunsch) und als 601 de Luxe. Die Varianten unterscheiden sich durch unterschiedlichen Chromzierrat, Lenkradschloss, verschiedene Sitze und Frontmasken.

Der 601 Universal profitierte von der Karosserieverlängerung, da sein Ladevolumen auf 1400 Liter anstieg. Die Hecktür war nun oben angeschlagen.

Links halten ist verboten, da hilft dann nur noch zahlen.

Wartburg 311, Trabant 601, Trabant P 50. Im Hintergrund ein Moskwitsch.

Die Kofferraumklappe beim P 50/60 war groß und ging fast bis zur Stoßstange herunter. Ein Vorteil beim Laden, den der 601 nicht mehr hatte, es sei denn, man nannte den »Universal« sein eigen (links).

Auf Parkplätzen dominiert der Trabi (rechte Seite).

Zufällig aufgenommene Verkehrsszenen zeigen herrlich leere Straßen: kein Stoßverkehr und keine Rushhour.

LM 19-47
LM75-37

Beim Trabant standen der Inlandsabsatz und die Produktionserhöhung im Vordergrund – keine technischen Extravaganzen. Die jährliche Fertigungserhöhung lag allerdings meist unter 5%, sodass die Volksmotorisierung nie verwirklicht werden konnte: Grund genug, den Trabi gut zu pflegen.

IMBISS

GARANTIELEISTUNG UND REKLAMATIONSBEARBEITUNG FÜR PNEUMANT PKW-BEREIFUNGEN

GARANTIE

Ab sofort werden Kundenreklamationen über PNEUMANT-Bereifungen direkt vom zuständigen VEB Chemiehandel bearbeitet. Für Sie ergeben sich daraus folgende Vorteile:

1. Es entfällt der Versand zum Reifenwerk.
2. Der Reklamationsdienst befindet sich in Ihrem Bezirk.
3. Die Bearbeitungszeit für Reklamationen ist wesentlich verkürzt.
4. Bei anerkannten Reklamationen erfolgt der Umtausch sofort!

Beachten Sie bitte, daß der GARANTIEZEITRAUM für Ihre PNEUMANT-Reifen **vom Zeitpunkt des Kaufes an 2 Jahre** beträgt!

Die Leistung erfolgt vorzugsweise durch Ersatzlieferung, Kaufpreisminderung oder Nachbesserung. Sie umfaßt u. a. die nachgewiesenen unmittelbaren Demontage- und Montagekosten nach den Regelpreisen für das Vulkanisierhandwerk.

Soweit es sich um Auslaufgrößen handelt, wird Nachbesserung bzw. Minderung gewährt.

Bei anerkannten Reklamationen wird kostenlos Ersatz geliefert, wenn der Laufflächenabrieb nicht mehr als 20 Prozent der ursprünglichen Profiltiefe beträgt. Bei anerkannten Reklamationen steht Ihnen wahlweise das Recht auf Minderung bzw. Nachbesserung zu. Bei Überschreitung des Profilabnutzungsgrades von 20 Prozent übernimmt der Reifenhersteller innerhalb des Garantiezeitraumes die Ersatzlieferung unter Berechnung entsprechender Abnutzungssätze, die von Ihnen zu erstatten sind. Ist die Karkasse des Reifens jedoch so beschädigt, daß sie nicht mehr entsprechend TGL 20 682 Blatt 1 in die Gebrauchswertklasse 1 eingestuft werden kann und diese Beschädigung nicht vom Hersteller zu vertreten ist, so erhöht sich der angeführte Abnutzungssatz um 15 Prozent.

Für die Berechnung der Abnutzungsbeträge gilt die ursprüngliche Profiltiefe + 1 mm. Die Messungen erfolgen an der am stärksten abgenutzten Stelle der Lauffläche.

Für Luftschläuche erfolgt die Garantieleistung innerhalb des Garantiezeitraumes ohne Berechnung der Abnutzungsbeträge. Bei Ersatzleistung geht die beanstandete Bereifung in die Rechtsträgerschaft bzw. in das Eigentum des VEB Chemiehandel über. Reifen, für die ein Garantieanspruch erhoben werden soll, sind dem zuständigen Chemiehandel f r a n k o einzusenden. Der Sendung ist ein ausgefüllter und unterzeichneter Fragebogen (zu erhalten beim zuständigen VEB Chemiehandel), der Kassenzettel (oder ein anderer Nachweis des Zeitpunkts der Lieferung bzw. des Kaufes) sowie die Reifen-Nr. beizufügen.

Die Lieferzeiten des Trabis hatten sich in den 1960er-Jahren auf mehrere Jahre erhöht. Dadurch entstand ein Gebrauchtwagenmarkt, auf dem astronomische Preise gefordert und gezahlt wurden. Die Regierung schritt mit der Regelung ein, dass der Verkaufspreis nicht über dem Taxwert der offiziellen Schätzstellen liegen durfte. Das kümmerte allerdings die Verkäufer so wenig wie die Käufer.

Prospektblatt für den westdeutschen Markt. Dort konnte der Trabi keinen nennenswerten Marktanteil erreichen.

Ab Modell 1969 hatte der Trabant 601 26 statt 23 PS, und das Sachsenring-Signet wanderte auf die Motorhaube. Die leistungsgesteigerte Version hatte zusätzliche Lüftungsschlitze in der C-Säule (neben der Heckscheibe) erhalten.

Aufwändig gestalteter Verkaufsprospekt von 1968 für das 1969er Modell.

Selbsthilfebücher und Reparaturanleitungen erleichterten die werterhaltende Pflege. Viele Reparaturen konnte man mit etwas technischem Geschick unter freiem Himmel selbst vornehmen. Spezialwerkzeuge, wie sie heute vielfach üblich sind, waren kaum erforderlich.

LM 33-56
DDR
TH 39-17

LA 43-35

Mit einer Höchstgeschwindigkeit von knapp 110 km/h gehörte der Trabi nicht zu den schnellsten Wagen (zum Vergleich: Wartburg 353 130 km/h). Trotzdem reichte das für so manchen Unfall, wobei das Crashverhalten neuer Trabis gar nicht so schlecht war, wie nach der Wende durch Tests bewiesen wurde.

Parken+Pendeln
P
P
Bewachter
Parkplatz
10-18^{00}

LA67-41
LM 20-55

Die Produktion

Der Bau der Getriebe und das Schweißen der Bodengruppe geschah bei Sachsenring im Werk 1 (früher Horch-Werk). Im Werk 3 entstanden Karosserie-Einzelteile, und den Motor produzierte der VEB Barkas-Werke Karl-Marx-Stadt. Alle Werke lieferten ihre Baugruppen dem Sachsenring Werk 2 (früher Audi-Werk) zu. Das Werk 2 fertigte die Fahrwerksteile und vervollständigte das Karosserie-Skelett. Dieses Gerippe erhielt in einem Tauchbad einen Korrosionsschutz und wurde nach der Trocknung mit den Karosserie-Teilen beplankt und lackiert. Anschließend vereinigte man die Karosserie mit der Antriebseinheit und der Hinterachse. Fertigmontage und Auslieferung fanden auch im Werk 2 statt. Für den Typ Universal lieferte Werk 2 das grundierte Karosserie-Skelett an das Karosseriewerk Meerane. Dort schweißte man das Heckteil für den Wagen an und komplettierte das Fahrzeug. Die Quote Limousine zu Kombi lag bei 80% zu 20%.

Montage des Karosserie-Gerippes.

Gerippemontage am Rundband (linke Seite).

Das Stahlblechgerippe der Trabant-Karosserie wurde in das Elektrophorese-Bad getaucht. Bis dato fuhr man das Gerippe in ein konventionelles Tauchbad ein, das aber zur Folge hatte, dass die Dicke der Schutzschicht an den Blechkanten zu gering war. Auch in den Hohlräumen lösten die noch vorhandenen Lösungsmitteldämpfe die Schutzschicht teilweise wieder auf. Beim neuen Verfahren rückte man allerdings von der bewährten Zinkphosphatierung ab und verwendete die qualitativ schlechtere Eisenphosphatierung.

Nach dem Tauchbad wurden die Karosseriegerippe mit Wasser gespült, um Reste des Bades zu entfernen. Anschließend trockneten die Gerippe 30 min bei 180° im Trockenofen (links).

Beplankung des Karosserie-Gerippes mit Duroplast-Teilen.

Bis zu 14 Arbeitskräfte waren in der Lackiererei mit der Konservierung des Unterbodens beschäftigt. Ab 1977 übernahm ein automatisch gesteuerter Spritzroboter die Arbeit (links).

Montage der Baugruppen Karosserie, Antriebseinheit und Hinterachse.

Zehn Kunststoffteile bildeten die komplette Karosserie.

Landeslotterie: Leider nur für wenige Zeitgenossen ein Weg, schnell an einen Trabanten zu kommen (links). Wer allerdings so rasant fährt (unten), dem wäre die Kaskoversicherung zu empfehlen (Mitte).

Zur Verbesserung der Verkehrssicherheit veranstaltete man vielerorts Geschicklichkeitsturniere. Auf diesen Fotos sieht man, dass hier sogar Schleuderübungen mithilfe einer Art Schmierseife stattfanden. Der Trabi gerät wie jeder Wagen ins Schleudern, wenn die Seitenführungskraft an der Hinterachse wegfällt. Das ist so bei Glatteis, aber auch wenn man die Handbremse so hart anzieht, dass die hinteren Räder blockieren (Foto unten). Die Zuschauer stehen sehr ungünstig. Sollte der Fahrer die Handbremse aus Versehen wieder lösen …

Am 1. November 1973 wurde die Million überschritten. Der Trabi hatte sich trotz weiterhin bestehender Unterversorgung (sprich: extrem langer Lieferzeiten) zu einem echten Volkswagen entwickelt.

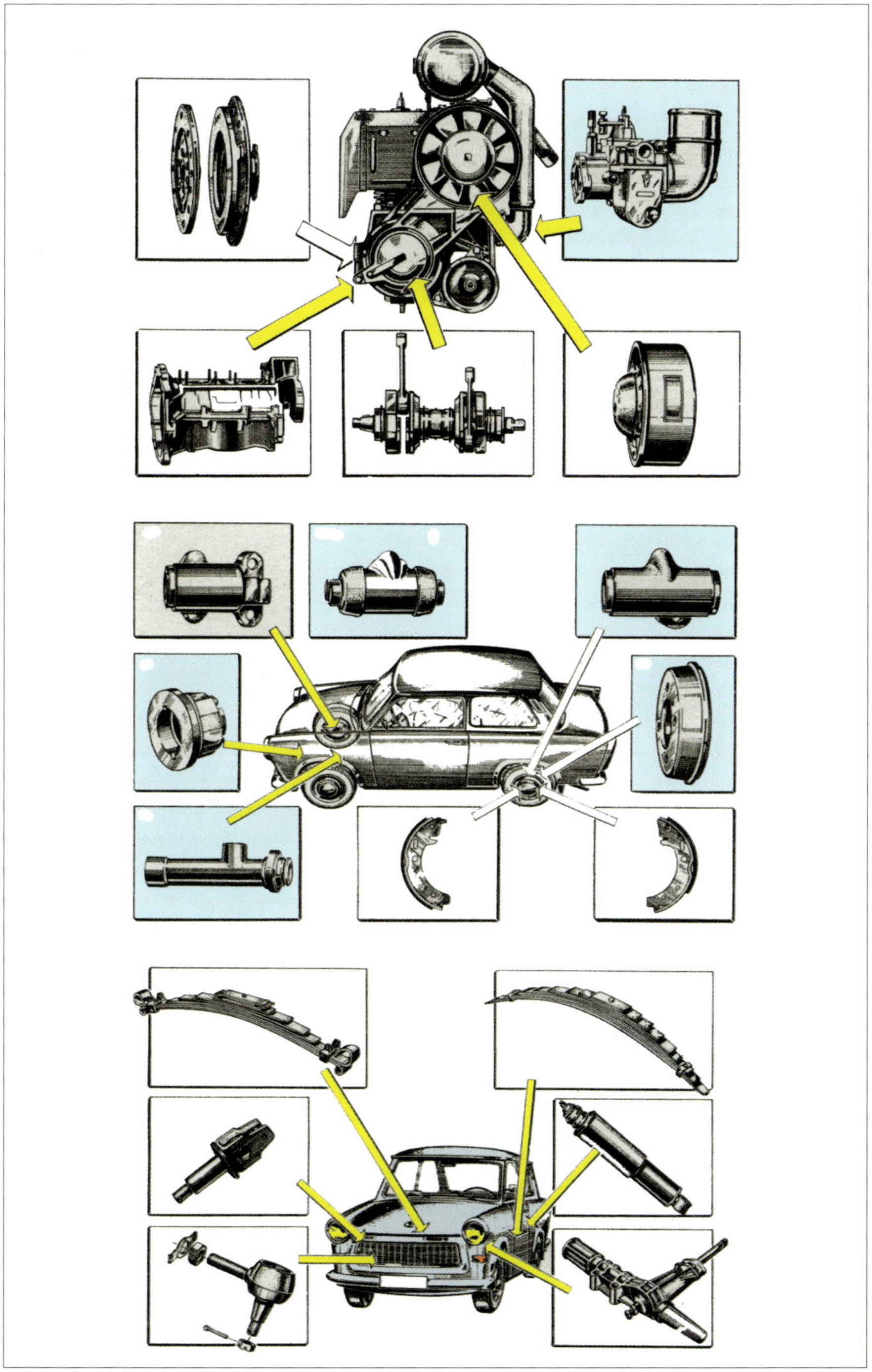

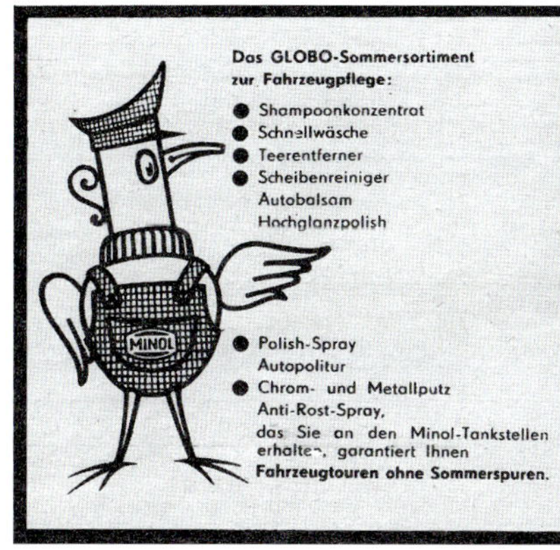

Austauschteile des Trabanten.

TZ 31-99

In den 1970er-Jahren stiegen die Produktionszahlen des Trabis stetig an. Trotzdem waren die Zuwachsraten zu gering, um den Inlandsbedarf zu befriedigen. Die Lieferzeiten betrugen mehrere Jahre. Ein Hemmschuh stellte die lange Fertigungszeit der Duroplastteile dar, zudem war die Kunststoff-Karosserie mittlerweile unökonomisch, weil es genügend Tiefziehbleche gab. So kam es zu einigen sehr schicken Kleinwagen-Neukonstruktionen, die nie in Serie gingen, weil der Staat es nicht wünschte. Es blieb so bei Detailverbesserungen am Trabi. 1972 konnte die Heizung mithilfe eines neuen Schalldämpfers und Wärmetauschers verbessert werden.

Dank der Nadellagerung des Kolbenbolzens konnte das Mischungsverhältnis von bisher 1 : 33 auf 1 : 50 gesenkt werden. Das kam der Umwelt zugute und man sparte Öl.

25 Jahre DDR: »Modern und großzügig – so präsentiert sich jedem Besucher die Hauptstadt der DDR. Modern und großzügig präsentiert sich auch als Kleinwagen der Trabant 601. Wie die DDR ist auch er international geachtet und weltweit anerkannt. Mit seiner Wendigkeit und seiner ausgeglichenen modernen Form gehört er heute in jedes Straßenbild« (linke Seite).

Trabant ab Modelljahr 1974.

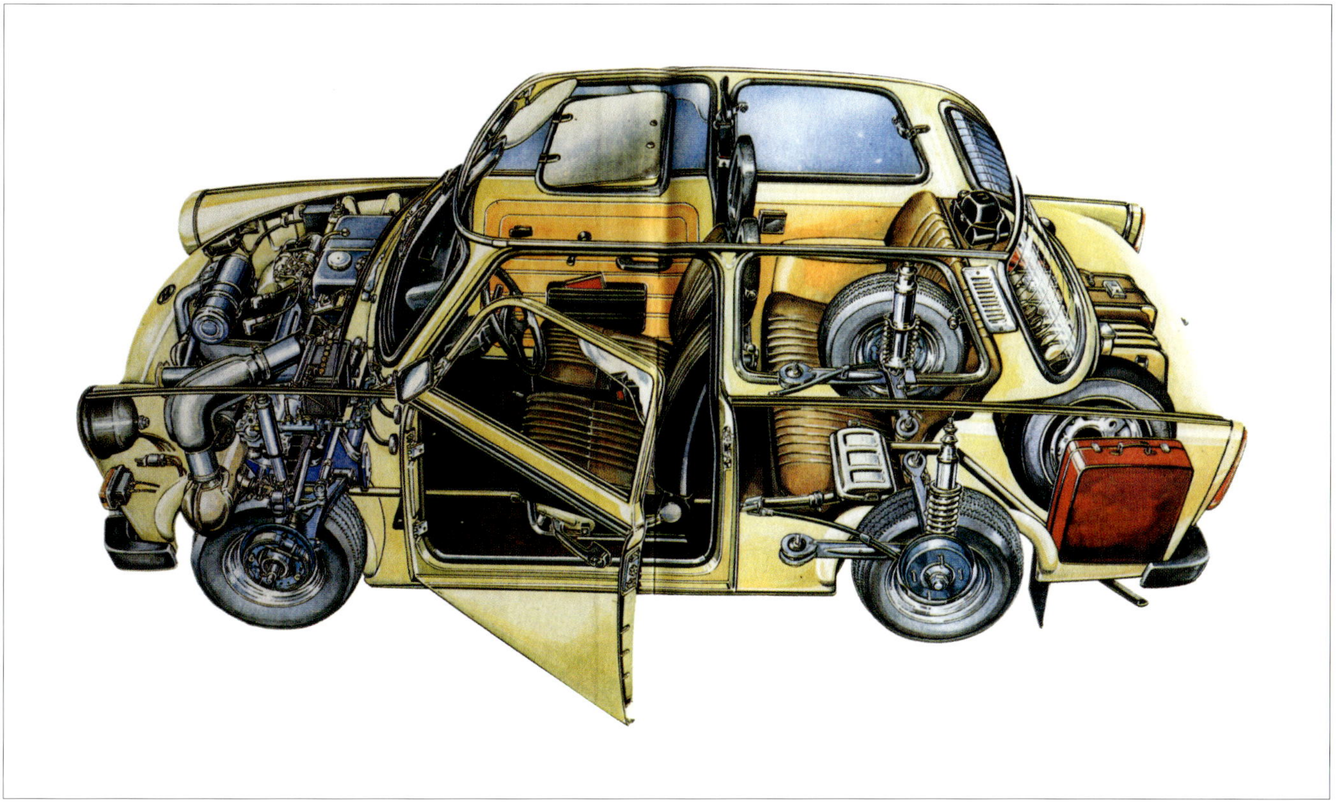

Der Motor P 65/66 mit dem nadelgelagerten Kolbenbolzen lief mit einem Mischungsverhältnis von 1 : 50.

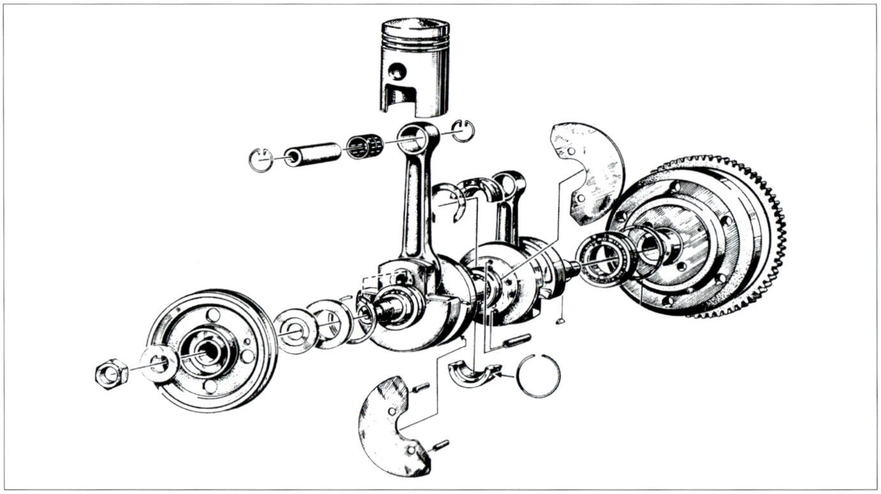

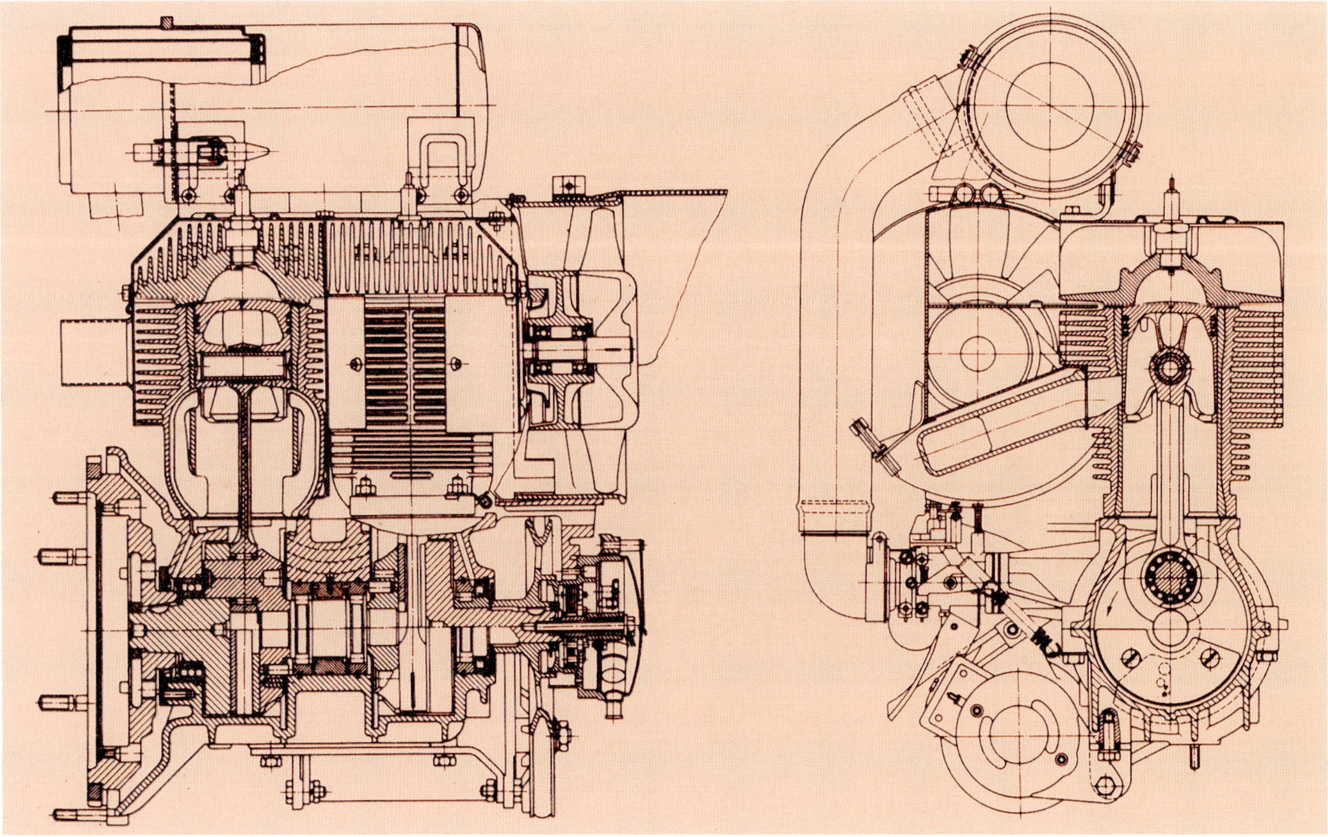

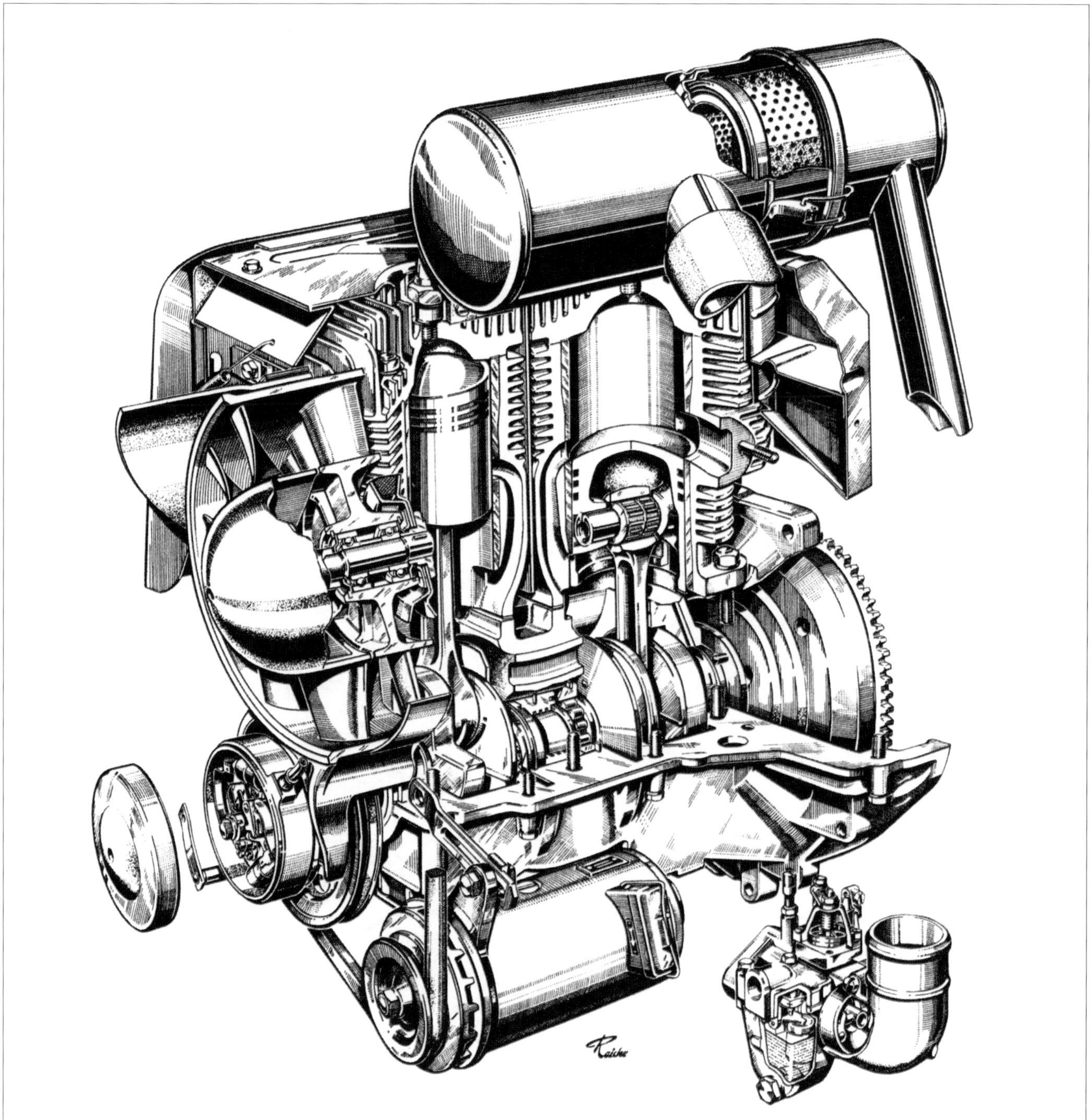

EINHEIT
IFA
SERVICE
IFA
SERVICE
KFZ-
INSTANDSETZUNG
ERFURT
LM 25-18
LJ 64-36

Das Werkstättennetz in der DDR war verhältnismäßig grob gestrickt. Trotz Reparaturen, Wartung und Überholung am Fließband waren die wenigen VEB Kfz-Instandsetzungen überlastet. Häufig half nur Eigeninitiative, die durch Reparaturleitfäden und gute Tipps im »Deutschen Straßenverkehr« unterstützt wurde.

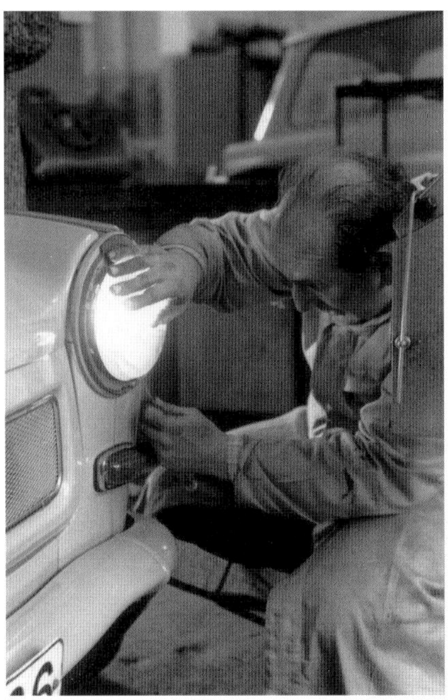

D
LJ86·12

Reparaturen en gros im VEB Kraftfahrzeuginstandsetzung »Einheit«, Erfurt.

LE 26 - 03

Frankenwall

Straßen und Plätze absperren, ein paar Pylonen aufstellen und fertig ist die Piste für das Trabi-Rundstrecken-rennen.

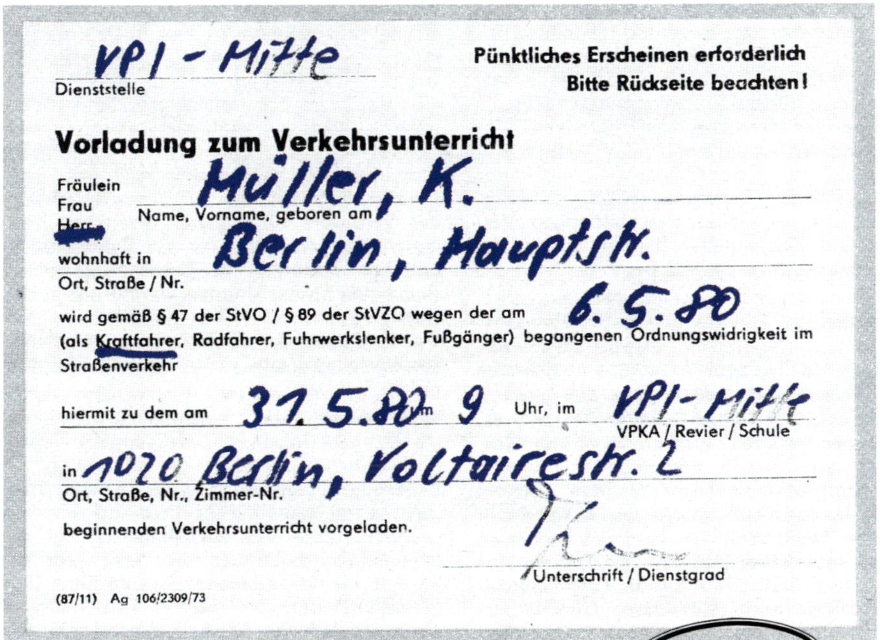

VPI - Mitte
Dienststelle

Pünktliches Erscheinen erforderlich
Bitte Rückseite beachten!

Vorladung zum Verkehrsunterricht

Fräulein
Frau
Herr
Name, Vorname, geboren am Müller, K.

wohnhaft in Berlin, Hauptstr.
Ort, Straße / Nr.

wird gemäß § 47 der StVO / § 89 der StVZO wegen der am 6.5.80 (als Kraftfahrer, Radfahrer, Fuhrwerkslenker, Fußgänger) begangenen Ordnungswidrigkeit im Straßenverkehr

hiermit zu dem am 31.5.80 um 9 Uhr, im VPI-Mitte
VPKA / Revier / Schule

in 1020 Berlin, Voltairestr. 2
Ort, Straße, Nr., Zimmer-Nr.

beginnenden Verkehrsunterricht vorgeladen.

Unterschrift / Dienstgrad

(87/11) Ag 106/2309/73

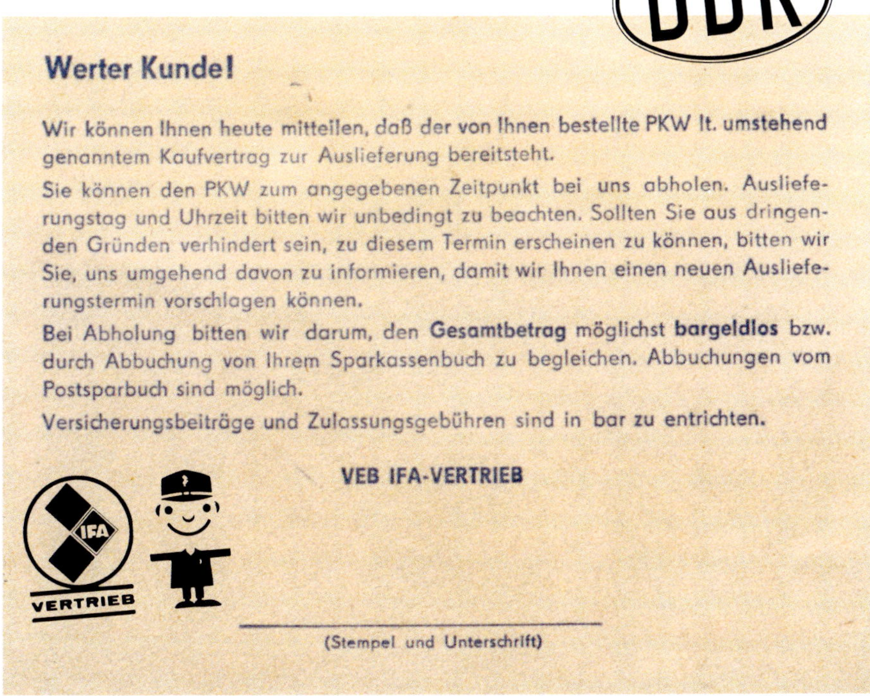

Werter Kunde!

Wir können Ihnen heute mitteilen, daß der von Ihnen bestellte PKW lt. umstehend genanntem Kaufvertrag zur Auslieferung bereitsteht.

Sie können den PKW zum angegebenen Zeitpunkt bei uns abholen. Auslieferungstag und Uhrzeit bitten wir unbedingt zu beachten. Sollten Sie aus dringenden Gründen verhindert sein, zu diesem Termin erscheinen zu können, bitten wir Sie, uns umgehend davon zu informieren, damit wir Ihnen einen neuen Auslieferungstermin vorschlagen können.

Bei Abholung bitten wir darum, den **Gesamtbetrag** möglichst **bargeldlos** bzw. durch Abbuchung von Ihrem Sparkassenbuch zu begleichen. Abbuchungen vom Postsparbuch sind möglich.

Versicherungsbeiträge und Zulassungsgebühren sind in bar zu entrichten.

VEB IFA-VERTRIEB

IFA VERTRIEB

(Stempel und Unterschrift)

Das Trabant-Lieferprogramm Ende der 80er Jahre.

Nach der Wende feierte man im Sachsenringwerk Mosel am 21. Mai 1990 mit dem neuen 4-Takt-Trabi den Produktionsrekord von 3.000.000 Einheiten und den zusätzlichen Beginn der VW Polo-Fabrikation. Bissig kommentierte der Deutsche Straßenverkehr: »Solche Schaustellerei nach zackiger Planerfüllungs-Manier mag den Verantwortlichen schmeicheln, dem Autofahrer in der DDR täuscht die Premieren-Fete Erfolge vor, die erst noch errungen werden wollen. Von dieser Art Gesundbeterei haben die Bürger zu Recht die Nase voll.«

Doch vieles wendete sich zum Guten. VW baute in Mosel eine neue Fabrik, und heute rollen 1.150 Wagen pro Tag vom Band, produziert von 6.100 Mitarbeitern.

Heute, 14 Jahre nach der Wiedervereinigung, ist der Trabi aus dem Straßenbild fast verschwunden. Aber Fans und Automuseen halten die Erinnerung an den Volkswagen der DDR wach. Ein robuster Begleiter, der Generationen transportierte, der ihnen Reisen ermöglichte und der sie 1989 zu neuen Ufern aufbrechen ließ.

Fotonachweis

Bernstein Titel, 10, 13

Botzenhardt, Paul (Archiv Peter Kurze Bremen) 5

Bundesministerium für Verkehr, Bau und Wohnungswesen 105

Hahne, Joachim 46, 47, 48

Kurze, Peter 13, 110

Pressefoto-Lutz (Archiv Peter Kurze Bremen) 9, 16, 17, 18 ,19, 20, 21, 23, 24, 25, 27, 29, 41 unten, 42 oben, 45, 49 unten, 51, 52 oben, 57 unten, 64 oben, 65, 67 unten, 68, 69, 70, 71, 72 unten, 73, 74, 75, 76, 80, 81, 82, 83, 84 unten, 85, 90 unten, 91 unten, 92, 93, 94 rechts, 100, 101, 102, 103, 104, 106

Werksfotos 7, 8, 11, 12, 14, 15, 22, 26, 28, 30, 31, 32, 33, 34, 35, 36, 37, 38, 39, 40, 41 oben, 42 unten, 43, 44, 50, 52 unten, 53, 54, 55, 56, 57 oben, 58, 59, 60, 61, 62, 63, 64 unten, 66, 67 oben, 77, 78, 79, 84 oben, 86, 87, 88, 89, 90 oben, 94 links, 95, 96, 97, 98, 99, 108, 109

Trotz aller Recherchen ist es nicht gelungen, die Rechte an allen Bildern zu klären. Rechteinhaber werden gebeten, sich beim Verlag zu melden.

Herzlichen Dank an Hans-Heinrich Ohm und Andy Schwietzer